ETUDES D'ENTOMOLOGIE

LÉPIDOPTÈRES

DU GENRE PARNASSIUS

QUATORZIÈME LIVRAISON

Avril 1891

RENNES

IMPRIMERIE OBERTHUR

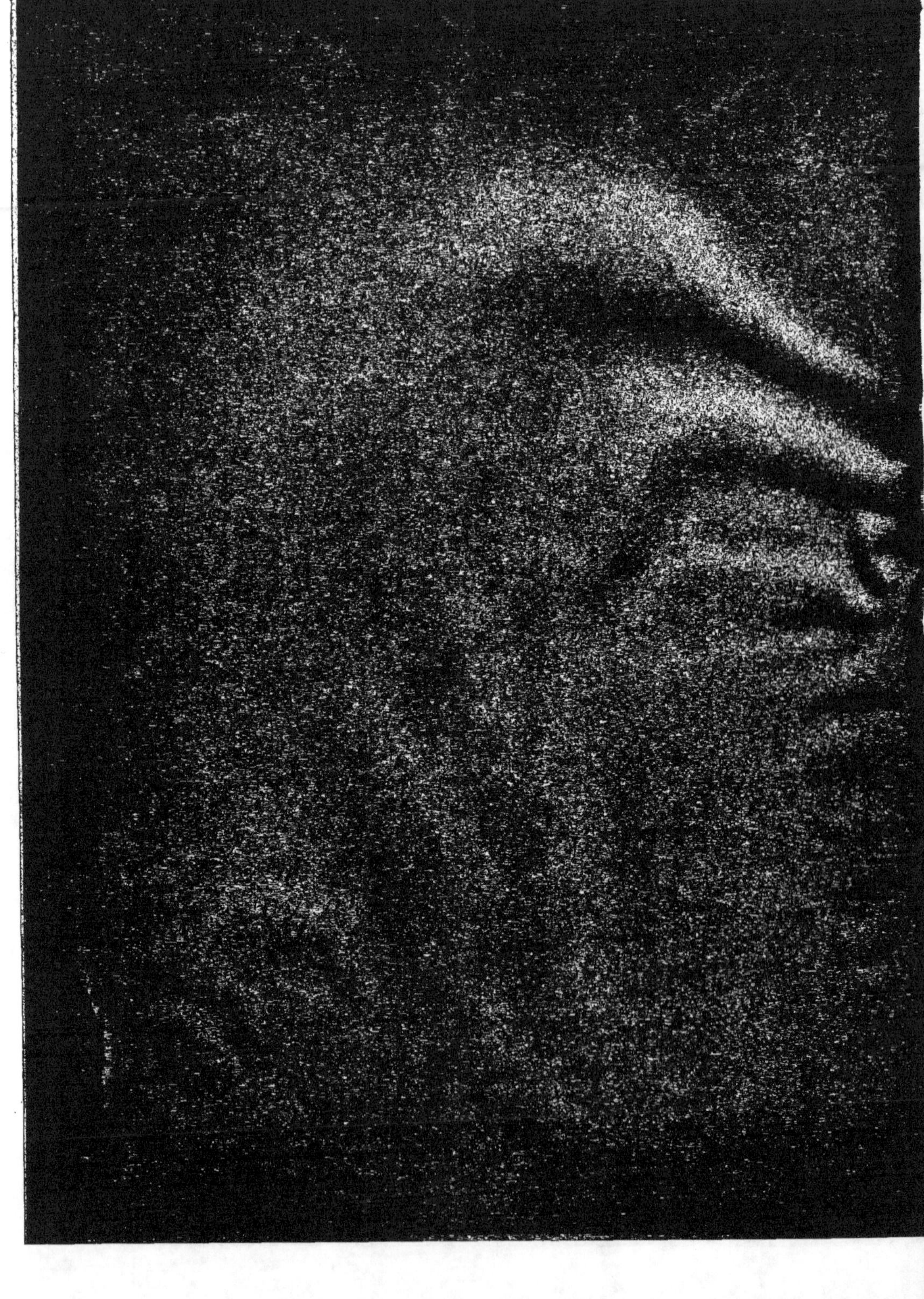

ÉTUDES D'ENTOMOLOGIE

FAUNES ENTOMOLOGIQUES

DESCRIPTIONS D'INSECTES

NOUVEAUX OU PEU CONNUS

PAR CHARLES OBERTHÜR

RENNES

IMPRIMERIE OBERTHÜR

Avril 1891

AVANT-PROPOS

———

Plusieurs travaux ont déjà été écrits sur les Lépidoptères du noble genre *Parnassius*, assurément bien attrayant pour les entomologistes.

Récemment MM. H.-J. Elwes, Jules-Léon Austaut et Gr. Groum-Grshimaïlo, que j'ai l'avantage de compter tous trois pour amis, ont publié l'un, dans les *Proceedings of the Zoological Society of London* (janvier 1886), le second, en un ouvrage spécial : *Les Parnassiens de la faune paléarctique* (Leipzig, 1889), et le dernier, dans les *Mémoires sur les Lépidoptères* rédigés par S. A. I. le grand-duc Nicolas Mikaïlovitch Romanoff (IV, Saint-Pétersbourg, 1890) des observations du plus grand intérêt.

M. Elwes a le travail rapide, ses idées se coordonnant avec méthode et netteté et sa décision étant prompte et arrêtée. Il a traité, avec les qualités qui lui sont propres, de la synonymie de toutes les espèces du genre, de leur enchaînement et de leur position relative dans la classification. Il a étudié la conformation des œufs dans trois espèces, la structure des organes sexuels et le premier, il a basé ses théories, quant aux distinctions spécifiques, sur la forme de la poche cornée des femelles, curieux appendice anal, résultant de l'émission d'une matière dont la production paraît se faire pendant ou aussitôt après l'accouplement.

Cette secrétion, une fois durcie, affecte sensiblement la même forme pour tous les individus d'une même espèce, mais offre des différences souvent très considérables d'une espèce à une autre espèce.

L'ouvrage de M. Austaut est limité à la faune paléarctique, telle qu'elle est comprise en Allemagne jusqu'ici. On y lit (Préface, pages 14 et 15) des théories philosophiques sur la question même de l'espèce auxquelles nous ne saurions nous associer. Pour nous, l'espèce n'est pas « une conception subjective et nominale, un moyen artificiel d'arriver à la connaissance exacte des faits individuels, un être abstrait, ne résidant que dans nos idées. » L'espèce, d'après notre opinion, est la descendance d'un premier couple originairement créé. Cette descendance présente des variations qui sont soumises à des lois générales communes à tous les êtres créés. Il résulte de ces variations que la descendance d'espèces différentes, c'est-à-dire de premiers couples originaires, peut nous paraître difficile à distinguer exactement, surtout lorsque nous n'avons sous les yeux que des insectes parfaits dont la vie évolutive nous est restée inconnue. Mais nous pensons tout autrement que M. Austaut qui ne saurait considérer l'espèce « comme l'expression d'une réalité absolue et indépendante de notre puissance intellectuelle » et qui n'emploie ce mot *espèce* que pour ne pas déroger à l'usage, mais en le rendant synonyme de *forme*. A notre sens, la *forme* est un terme qui indique une variation constante, soit de saison, soit de pays et l'*espèce* est la réunion de tous les êtres issus d'une première paire que le divin Créateur de toutes choses a fait paraître sur la terre, au lieu que sa Providence a choisi. Sans doute, cette première paire portait en germe et a transmis à sa descendance le moyen de produire des variations souvent très accentuées, quoique ne s'écartant pas de la loi qui les régit, pouvant se continuer plus généralement dans certaines contrées et devenant alors des races ou formes géographiques que les naturalistes doivent se préoccuper de rattacher exactement au rameau principal d'où elles sont dérivées. Mais l'*espèce* est une réalité dont la certitude nous semble évidente et c'est dans cet ordre d'idées que nous employons les termes au sujet desquels, M. Austaut et moi, nous sommes en complet désaccord.

Quant à M. Groum-Grshimaïlo, son œuvre est d'une importance extrême, particulièrement intéressante, mais d'une conception originale et hardie. Cet infatigable voyageur, digne émule de son illustre compatriote Przewalski s'est familiarisé avec l'Asie centrale par plusieurs voyages heureusement accomplis, ayant pour objet aussi bien l'histoire naturelle que la géographie. Il a vu la nature vivante et a rapporté d'immenses et magnifiques matériaux. Envisageant les révolutions géologiques et climatologiques qui ont successivement modifié la surface de l'Asie et sa température, il établit des rapprochements entre la dispersion des espèces et ces convulsions de la terre et des mers ; puis avec une hardiesse que rend seule possible l'érudition la plus étendue et une connaissance approfondie d'une question aussi vaste que compliquée, M. Groum-Grshimaïlo ouvre la voie à des considérations malheureusement toujours hypothétiques, mais d'où résulte pour les études entomologiques une ampleur et une attraction singulières. De belles planches illustrent la *faune lépidoptérologique du Pamir* et font connaître les productions d'un pays jadis absolument ignoré.

Cependant, il ne me semble pas que la matière ait été épuisée. L'étude des lois de variation dans les *Parnassius* restait à traiter et d'ailleurs tout travail n'en appelle-t-il pas un nouveau? Les questions soulevées invitent à des observations nouvelles et à des discussions d'où peut naître un supplément de lumière.

J'ose donc ajouter mon apport aux travaux déjà publiés sur le genre *Parnassius* et je suis assez heureux pour achever de faire connaître par la gravure une espèce nouvelle, le beau *Parnassius Orleans*, découvert par S. A. R. Monseigneur le prince Henri d'Orléans, au cours du voyage, l'un des plus difficiles et des plus intéressants, que ce fils de France a effectué en compagnie de M. Bonvalot, au travers de l'Asie, de Paris au Tonkin.

Une noble émulation dans les sciences profite à leur progrès et à leur avancement. Le Thibet, jadis, contrée inconnue, a été pendant ces dernières années exploré par MM. Pratt et Kricheldorff, agissant avec de nombreux chasseurs chinois pour M. Leech, entomologiste anglais qui n'attend pas les années pour réunir l'une des plus grandes collections de notre temps. Le *Parnassius Orleans*, avec un nombre considérable d'autres nouveautés, figure parmi les 70,000 papillons qu'ils viennent de rapporter en Angleterre. Toutefois le premier exemplaire avait été récolté par le prince d'Orléans entre Litang et Tâ-Tsien-Loû, avant que M. Pratt n'ait lui-même capturé cette espèce dont M. Groum-Grshimaïlo suppose avoir fait aussi la rencontre au cours de son voyage de 1890.

Au sujet de cette question de priorité, nul ne contestera, si on la généralise à la faune entière des Lépidoptères du Thibet, que tout l'honneur des premières explorations et des premières découvertes appartient aux voyageurs français. Si aujourd'hui cette terre, encore si peu accessible, montre plus amplement ses trésors naturels, il ne faut pas oublier que c'est M. l'abbé Armand David qui fut le précurseur. Il y a plus de vingt années que le Muséum d'histoire naturelle de Paris reçut les premiers insectes de Moupin. Ensuite Mgr Biet et ses dignes collaborateurs, les missionnaires catholiques français du Thibet et du Yunnan ont consenti, dans l'intérêt de la science, à rechercher les productions naturelles du pays où, pour le but le plus élevé auquel puisse aspirer une âme humaine, ils se sont volontairement exilés.

J'ai déjà dit toute mon admiration pour ces braves Français ; j'ajouterai que c'est l'honneur de ma carrière entomologique d'avoir pu faire connaître leurs découvertes et ouvrir une voie dans laquelle mon pays a fait les premiers pas.

Rennes, 16 mars 1891.

CHARLES OBERTHÜR

LÉPIDOPTÈRES

DU GENRE PARNASSIUS

Parnassius Imperator, Obthr. (pl. I; ♂, fig. 4).

J'ai fait figurer la ♀ de cette magnifique espèce dans la IXe livraison des *Études d'Entomologie* (pl. I, fig. 4, *a*, *b*, *c*). C'était le seul sexe que je connaissais et j'ai attendu assez longtemps à posséder le ♂ dont je n'ai en tout que trois exemplaires. Dans ce sexe, les ailes sont plus obscurcies par les atomes noirs que chez la généralité des femelles. Le prince Henri d'Orléans a capturé le *Parnassius Imperator* au Thibet et m'a envoyé un exemplaire dans la même lettre qui contenait le *P. Orleans*.

J'ai déjà dit (*Étud. d'Entom.*, IX, p. 11) que les ♀ vierges étaient dépourvues de la poche cornée singulière, couleur feuille morte dont la forme est sensiblement la même dans vingt-huit ♀ que j'ai sous les yeux. Chez quelques autres, cette poche n'atteint pas le développement normal et paraît tronquée ou atrophiée.

Les variations que je constate sur quarante-deux échantillons de ma collection sont les suivantes :

1° Les taches rouges des ailes inférieures sont centralement pupillées de blanc, ou sont entièrement rouges ;

2° Ces taches rouges sont nettement séparées l'une de l'autre, ou réunies par un trait noir plus ou moins épais, ainsi que cela a lieu chez le *Delius* figuré pl. II, fig. 16 de cette *Étude* ;

3° Les deux taches paraissant bleues et formées d'atomes blancs sur fond noir vif, près du bord anal et le long du bord terminal des ailes inférieures peuvent former une série de quatre ou de trois, par l'addition de deux macules ou d'une seule dans le feston transparent noirâtre, en remontant vers le bord costal ;

4° Le fond des ailes est plus ou moins légèrement blanc jaunâtre et les atomes noirs sont plus ou moins densément semés.

Parnassius Nomion, Fischer (♂, pl. II, fig. 10); forma geographica **Mandschuriæ,** Obthr.

J'ai fait figurer la forme de Mantschourie que m'a envoyée M. Jankowski en six ♂ et quatre ♀. Le faciès de cette forme géographique est assez particulier et cela tient surtout à ce que le fond des ailes est moins blanc dans les échantillons de Sidemi que dans ceux de Sibérie et du nord de la Chine, où M. l'abbé David a trouvé une race superbe et magnifiquement colorée de *Nomion*. Le feston hyalin qui longe le bord marginal des ailes est aussi généralement plus sombre et avec une apparence huileuse dans les exemplaires de Sidemi.

La ♀ qui existait dans la collection Boisduval avec cette étiquette que je transcris textuellement « Nomion, Fischer. Eschscholtz, Calif. russe » est semblable aux ♀ de Mantschourie.

Dans les six ♂ de Sidemi, les ailes supérieures ont tous les points noirs absolument dépourvus de pupillation rouge et une des ♀ est ainsi. Les ♂ paraissent tendre à avoir les ocelles rouges des ailes inférieures dépourvus de ponctuation centrale blanche ou au moins très peu fortement ponctués de blanc.

Parnassius Davidis, Obthr. (pl. I, fig. 3).

Il n'existe toujours de cette remarquable espèce qu'un seul exemplaire ♀, celui qui a servi de type à la description et à la figure parues dans la IVᵉ livraison des *Études d'Entomologie* (p. 23, pl. II, fig. 2).

M. l'abbé David, en visitant ma collection, voulut bien pourvoir l'épingle du *Parnassius* qui porte son nom, d'une étiquette que je transcris intégralement :

« J'ai pris cet unique spécimen du *Parnassius Davidis*, parmi les montagnes de médiocre
» hauteur qui enserrent la vallée de Lao-hou-hoou (vallée du tigre), non loin de Jéhol,
» à quatre journées au nord de Pékin, en juin 1864, pendant que je revenais d'auprès d'un
» malade que j'avais administré et d'un heureux coup de mon parasol de papier. Armand
» David. »

Bien que j'aie déjà publié une fois la figure de cet intéressant *Parnassius*, dont l'histoire ne sera bien entendu définitive que si un heureux collecteur retrouve une série suffisamment nombreuse d'exemplaires des deux sexes, au lieu même où a été découvert l'unique spécimen dont la capture remonte déjà à vingt-cinq années, j'ai cru devoir faire graver de nouveau dans cette *Étude* l'image du *P. Davidis* et pour que chacun puisse apprécier la question aussi exactement que possible, j'ai tâché de faire le nécessaire pour que les planches du présent travail soient irréprochables.

Sans doute il ne sera pas sans intérêt de savoir comment nous avons opéré. Afin d'obtenir une ressemblance parfaite et de ne laisser aucun détail à la fantaisie ou à l'erreur de place relative et de proportions que tout dessinateur peut commettre, nous avons d'abord photographié à la taille naturelle tous les sujets à représenter; puis un habile graveur de notre Imprimerie a calqué soigneusement les photographies obtenues. Ce calque a été reproduit sur pierre et la gravure a été exécutée avec le papillon même devant les yeux, de telle façon que les précautions les plus minutieuses ont été prises en vue d'arriver à l'exactitude absolue. Cette méthode de graver d'après le calque fait sur photographie me paraît très recommandable pour l'iconographie entomologique. Combien de belles planches très soignées et pour lesquelles la dépense n'a pas été ménagée, manquent cependant de la précision qui est nécessaire pour inspirer la confiance dans la fidélité de la reproduction!

Désormais j'emploierai ce genre d'opérations pour les publications qu'il me sera encore donné de produire et de plus en plus convaincu de la nécessité de figures très exactes pour faire avancer l'entomologie, je m'efforcerai avec un concours artistique consciencieux et dévoué d'offrir au public qu'intéressent les Lépidoptères, des planches en voie constante de progrès.

La figure du *P. Davidis* est donc très exacte et elle fait ressortir les caractères de cette espèce.

Les antennes sont blanches, finement annelées de noir avec la massue épaisse et noire. Les poils de la tête et du thorax sont jaunâtres mélangés de noir. Les ailes sont généralement obscures avec la frange paraissant entièrement noire. Les dessins et taches sont dans leur ensemble ceux de *Nomion* et d'ailleurs de presque tous les *Parnassius*. Mais il convient de remarquer que la série marginale des taches blanc-jaunâtre opaques aux ailes supérieures et inférieures est très rapprochée du bord terminal. La poche cornée consiste en une caverne paraissant bilobée vue de face. Le profil en est représenté sur la planche I, fig. 3 a.

Le *Parnassius Honrathi*, Stgr., est l'espèce la plus voisine de *Davidis*; mais dans *Honrathi*, les antennes sont noires et la frange, quoique tendant au mélanisme, surtout dans les ♀, est cependant moins uniformément noire que chez *Davidis*. Les poches cornées des ♀ *Honrathi*, sont un peu plus étroites que celle de la ♀ *Davidis*; mais à part cette légère différence de dimension relative, la forme est assez la même. La série maculaire marginale a une direction plus droite dans *Honrathi* et elle est en outre moins élargie, surtout aux inférieures.

Mais je ne vois pas d'autres distinctions notables entre *Honrathi* et *Davidis*. Le caractère différentiel le plus important est celui des antennes. Sans cela, je serais porté à considérer *Honrathi*, comme une forme géographique de *Davidis*.

Parnassius Apollo, Lin.; forma **Uralensis**, Obthr. (pl. III, fig. 18).

Parnassius Apollo, Lin.; forma **Siciliæ**, Obthr. (pl. III, fig. 22).

Parnassius Apollo, Lin.; forma **Graslini**, Obthr. (pl. III, fig. 23).

Parnassius Apollo, Lin.; *transitus ad aberrationem* **Wiskotti**, Obthr. (pl. II, fig. 14).

Parnassius Apollo, Lin.; Deformatio *alis latere dextro falcatis* (pl. III, fig. 19, 20, 21).

Le *Parnassius Apollo* vole dans les parties alpestres de l'Europe tempérée et méridionale, dans les basses collines et les plaines de l'Europe boréale où la latitude lui fournit la compensation de l'altitude. Il habite aussi le sud-ouest de la Sibérie; mais pas plus que M. Elwes, je n'ai de données exactes sur l'extension de l'habitat du *P. Apollo* en Asie.

En France, nous l'avons vu voler dans les Alpes, les Pyrénées et les Cévennes. Il est notamment commun à Florac (Lozère), et sur les hauteurs du Causse-Méjean. Mais nous l'avons surtout observé dans les Pyrénées où nous avons plus fréquemment chassé que dans les autres montagnes. Il est très abondant au-dessus du village de Casteil, près de Vernet-les-Bains (Pyrénées-Orientales), et dans les environs de Cauterets (Hautes-Pyrénées).

La forme ordinaire pyrénéenne est de taille relativement médiocre; elle varie dans les ♂ pour la dimension des taches rouges des ailes inférieures; de plus ces taches rouges sont plus ou moins pupillées centralement de blanc et quelquefois elles n'ont aucun vestige de cette pupillation blanche. Les ♀ sont tantôt très obscurcies, principalement sur les ailes supérieures, par un épais semis d'atomes noirs; tantôt elles ont le fond des ailes plus clair, mais cependant toujours plus assombri que les ♂. Assez rarement les ♀ ont les taches noires extra cellulaires des supérieures ponctuées de rouge. La nuance rouge des ailes inférieures est généralement d'un carmin vif, surtout dans les ♀; cependant nous avons pris à Cauterets un ♂ très frais dont les taches rouges sont plutôt vermillon ; cet exemplaire présente en outre la particularité d'avoir la tache noire allongée contiguë au bord anal des ailes inférieures pupillée de rouge dans chacun des deux espaces intranervuraux en dessus et de présenter en dessous une grosse ponctuation rouge dans les deux taches noires extracellulaires et la tache noire voisine du bord inférieur aux ailes supérieures. Nous possédons d'ailleurs un autre ♂ du Vernet ainsi ponctué de rouge dans les taches noires aux inférieures en dessous.

Dans la Sierra-Nevada, on rencontre une variété, ou peut-être une forme géographique chez qui les taches sont jaunes au lieu d'être rouges. La collection de Graslin contient deux ♂ de cette variété jaune. On la rencontre également, mais extrêmement rarement à Vernet-les-Bains ; nous y avons capturé deux ♂ chez qui le rouge est remplacé par du jaune en dessus comme en dessous.

Les ailes ont aussi quelquefois une tendance à être falquées au lieu de rester arrondies ; mais cette falcature n'est pas régulière et nous ne l'avons encore observée que sur un côté des ailes. Le même jour, nous avons pris coup sur coup et au même lieu, trois ♂, sans doute issus d'une même ponte, volant à l'entrée de la vallée du Marcadau (Cauterets), ayant les ailes falquées du même côté droit. Ces trois échantillons sont figurés sur la planche III de cette *Étude*. Ils nous paraissent intéressants au point de vue de la modification du contour des ailes ; cette modification peut atteindre les espèces de tous les genres, sans doute se perpétuer par hérédité et dans certains cas peut-être former des races. L'*Argynnis Callippe* Bdv. de Californie, dont nous reproduisons ci-dessous l'image obtenue par un procédé phototypographique, est dans cet ordre d'idées l'indication de la façon dont la caudature peut se former aux ailes inférieures.

Le *Parnassius Apollo* parait être généralement un peu plus grand dans les Cévennes et les Basses-Alpes que dans les Pyrénées. D'ailleurs les montagnes de l'Europe la plus méridionale ne semblent pas être la localité où le *P. Apollo* atteint le plus beau développement de sa taille

La collection Bellier contient une paire prise en Sicile, dont la dimension est assez analogue à la forme pyrénéenne. Le *P. Apollo* sicilien est peu chargé de noir; le ♂ est surtout très clair; les taches rouges sont largement pupillées de blanc. La ♀ est figurée au n° 22 de la planche III de cette *Étude*.

Il semble que ce soit en se rapprochant de l'Orient que le *P. Apollo* devient d'une grandeur plus remarquable.

Nous faisons figurer pl. III, n° 18 une forme ♀ de *P. Apollo*, contrastant par sa taille élargie, son aspect robuste et le semis épais d'atomes noirs qui recouvre ses ailes, avec la forme sicilienne.

Nous possédons deux ♀ assez semblables de cet *Apollo*. L'une provient de la collection Bellier; l'autre (celle qui est figurée), de la collection de Graslin et doit lui avoir été envoyée par Eversmann; l'écriture de l'étiquette « *Apollo uralensis* » l'indique suffisamment.

Sous le n° 23 de la pl. III, nous représentons une ♀, aussi de la collection de Graslin, remarquable par le beau développement de ses taches noires et rouges; elle porte l'étiquette « Becker, de Turquie; » mais vient-elle réellement de la Turquie d'Europe ou peut-être de la Turquie d'Asie? La collection Bellier contient une ♀ presque semblable avec l'étiquette « Caucase » et le ♂ qui s'y rapporte porte « Altaï! »

Je regrette vivement de n'être pas mieux fixé sur l'habitat exact de cette forme géographique superbe, bien supérieure à celle d'Alatau, répandue par M. Staudinger sous le nom *Hesebolus*. Les anciens entomologistes traitaient légèrement la question des localités, au grand dommage de la science. Ils se contentaient d'indications trop vagues, lorsque même ils en inscrivaient, ou bien ils commettaient, faute de porter attention à une question pourtant très essentielle, des erreurs quelquefois plus dommageables que l'absence totale de renseignement. Malheureusement le mal est maintenant sans remède.

Faute de document géographique précis sur l'habitat de cette belle forme, je l'ai distinguée sous le nom de *Graslini*, en souvenir de l'amateur distingué qui la possédait dans sa collection. J'ai désigné la forme de Sicile et celle de l'Oural d'après leur provenance, la première *Siciliæ*, la seconde *Uralensis*.

Le *P. Apollo* aberre par la distension et la confluence des taches rouges aux ailes inférieures, comme aussi inversement par la suppression partielle et peut-être même totale des taches rouges et noires. Cette dernière aberration a été figurée par M. Felder, dans la *Novara*, pl. XXI, fig. c et d. Comme elle doit être distinguée par un nom, puisqu'elle se reproduit assurément d'une façon constante, je propose de l'appeler *Novaræ* et j'applique à l'aberration contraire le nom de *Wiskotti*, prenant comme type l'exemplaire appartenant à M. Wiskott, figuré dans le *Berliner ent. Zeitschrift*, 1888, pl. VII, fig. 4 et ensuite par M. Austaut (*Les Parnassiens de la faune paléarctique*; Supp., pl. VII, fig. 2).

Ma collection contient une ♀ se rapprochant de cette aberration *Wiskotti*. Je l'ai fait représenter sous le n° 14 de la pl. II de ces *Études*.

L'aberration *Novaræ* me paraît devoir affecter surtout les ♂ et l'aberration *Wiskotti* les ♀.

Je n'ai pas fait figurer l'aberration d'*Apollo* dans laquelle le rouge des taches est simplement remplacé par du jaune. Cette aberration est constante ; elle porte dans ma collection la désignation *Nevadensis*.

Parnassius Delius, Esper., ab. **Herrichii,** Obthr. (Pl. II, fig. 15);

ab. Cardinalis, Obthr. (Pl. II, fig. 16).

Le *Parnassius Delius*, Esper., présente une aberration constante dont Herrich-Schæffer a figuré la ♀ (*Papilionides Europ.*, pl. LXVI, n°ˢ 317 et 318); un autre exemplaire est représenté dans ces *Études* sous le nom d'*Herrichii*. Le caractère de cette aberration consiste dans la jonction, par un épais trait noir, des taches extra-cellulaires et de la tache isolée inférieure aux ailes supérieures.

L'aberration *Cardinalis* est assez analogue à la variété de *Delphius*, que M. Gr.-Grshimaïlo a figurée sous le nom de *Cardinal* dans les *Mémoires sur les Lépidoptères* par le grand-duc Romanoff (IV; pl. II, fig. 2 *a, b, c, d*). Les deux taches rouges extra-cellulaires des ailes inférieures sont élargies et réunies par un trait noir.

Le *Parnassius Delius* ne semble pas avoir dépassé les Alpes vers l'Ouest. Il n'a jamais été rencontré dans les Pyrénées. Nous l'avons capturé jadis à Zermatt, entre le village et le plateau du Riffel.

Parnassius Clodius, Ménétriès, ab. **Lorquini,** Obthr. (pl. II, fig. 17).

Feu Lorquin fit autrefois en Californie les premières récoltes entomologiques. Il y apporta un grand zèle et dans cette région alors à peu près neuve pour les Lépidoptéristes, il captura nombre d'espèces que nul n'avait encore vues. Le Dʳ Boisduval fut le descripteur de ces nouveautés. C'est pour perpétuer le souvenir de notre compatriote, qui plus tard explora avec succès les Philippines et les Moluques, que j'ai donné son nom à l'aberration sans taches du *Parnassius Clodius*, de Californie, sans doute capturée par lui-même et qui figurait dans la collection de Christ. Ward, d'Halifax, à qui elle avait été vendue par un marchand naturaliste de Paris, jadis en relations avec Lorquin.

L'exemplaire que je possède est un ♂ ; ses ailes inférieures sont absolument sans taches ; aux supérieures, il ne reste que les deux macules noires cellulaires ; encore sont-elles assez réduites. La partie hyaline n'existe plus qu'en une seule bande marginale, le long du bord extérieur des ailes supérieures.

Parnassius Orleans, Obthr. (Pl. I, fig. 2).

Cette belle et nouvelle espèce appartient au groupe de *Hardwickei*, Gray et *Przewalskii*, Alpheraki, les « Apollons aux yeux bleus. » Le *Parn. Hardwickei* vole dans l'Himalaya et le *Przewalskii* a été découvert dans la chaîne Bourkane-Bouddha, au Thibet, par une altitude d'environ 14,000 pieds, suivant les renseignements que donne M. Alpheraki, dans les *Mémoires sur les Lépidoptères*, par le grand-duc Romanoff (V, p. 64).

Le prince H. d'Orléans a pris le *Parnassius Orleans* entre Litang et Tà-Tsien-Loù, dans les premiers jours de l'été 1890. La description a paru dans une note spéciale que nous avons imprimée et répandue dans le public entomologique, à la date du 25 septembre 1890. Nous reproduisons cette description comme suit :

Taille d'*Epaphus*; forme des ailes plus allongée; couleur du fond des ailes en dessus blanc jaunâtre ; les supérieures ayant la frange entrecoupée de noir comme chez *Epaphus*, mais beaucoup plus obscurcies par les atomes noirâtres; tri-ponctuées de rougeâtre, comme chez *Davidis;* les inférieures plus claires que chez *Epaphus*, de Tartarie chinoise, n'ayant pas de tache rouge basilaire, comme dans la forme tartare de cette espèce, et se rapprochant, sous ce rapport, de la forme du Nord-Cachemir, mais bien distinctes de cette dernière et de la précédente par une rangée lunulaire submarginale de quatre taches intranervurales noires dont les trois premières sont pupillées d'atomes blanchâtres produisant un effet général bleuâtre. Les deux premières de ces taches sont assez irrégulières de contour; elles affectent cependant une forme générale arrondie; les deux dernières sont triangulaires.

Le bord des ailes est marqué, au contact des nervures, de trois points noirs relativement assez allongés, et surmonté d'une bande ininterrompue de croissants intranervuraux transparents, plus petits et mal formés près du bord anal, mieux écrits au delà.

Le dessous est jaune canari clair, luisant. Le dessus est exactement reproduit aux supérieures. Aux inférieures, la différence porte sur ce que les taches rouges du dessus sont entourées d'un mince liséré blanc, et en outre que le nombre desdites taches rouges est augmenté : 1° de quatre placées en escalier depuis le bord costal, contiguës à la base et au bord anal; 2° d'une cinquième grosse et allongée dans le centre de la tache noire qui est elle-même contiguë au bord anal et située dans le prolongement de la tache rouge isolée, extracellulaire, médiane.

Les antennes sont noires; le corps en dessus et en dessous est couvert d'une épaisse fourrure de poils longs et jaunâtres.

L'exemplaire que je viens de décrire me paraît être une ♀. La poche cornée, aplatie, comme le corps l'a été lui-même, semble courte et peu dilatée.

Parnassius Jacquemontii, Boisduval (♂, pl. II, fig. 11).
Parnassius Jacquemontii-Himalayensis, Elwes (Pl. II, ♂, fig. 12; ♀, fig. 13).
Parnassius Epaphus, Obthr. (Pl. I, ♂, fig. 4; ♀, fig. 5).
Parnassius Epaphus-Cachemiriensis, Obthr. (Pl. I, ♂, fig. 6; ♀, fig. 7, 7 *a*).

M. Elwes, dans son ouvrage « *On Butterflies of the genus Parnassius,* » publié dans les *Proceedings of the zool. soc. of London*, 1886, dit, à propos du *P. Jacquemontii* (p. 36) : « The synonymy of this species is the only one which has given me any trouble to clear up, » et il attribue cette difficulté pour débrouiller la synonymie du *P. Jacquemontii* à ce que Boisduval, en écrivant sa description s'est probablement servi d'exemplaires de deux espèces; puis, un peu plus loin, M. Elwes ajoute que le nœud de la question est dans le fait que Boisduval a dit, en décrivant le ♂, que les franges sont entièrement blanches (ce qui n'est pourtant pas le cas pour l'espèce à laquelle M. Elwes a appliqué le nom de *Jacquemontii*) et qu'en outre Boisduval a dit encore que la ♀ est semblable au ♂ et qu'elle a la poche de l'extrémité abdominale plissée en travers et sans carène longitudinale.

« The point on which the whole question turns is the fact that Boisduval says in describing the male that the fringes are entirely white, which is not the case in this species;

and of the female he says that it is like the male, « La poche de l'extrémité de l'abdomen assez développée, plissée en travers et sans carène longitudinale. »

Je suis du même avis que M. Elwes quant à la difficulté d'identifier exactement la ♀ dont parle Boisduval et par conséquent à l'incertitude qui en résulte. Mais je ne partage nullement son opinion en ce qui concerne la méthode pour établir la synonymie du *P. Jacquemontii*. En effet M. Elwes négligeant absolument d'attribuer quelque valeur à la description de Boisduval concernant le ♂ et reportant toute son attention aux quelques mots consacrés à la ♀, refuse de s'en rapporter au *certain*, puisque le ♂ type de Boisduval existe encore et qu'il est très aisé de savoir exactement quel il est, bâtit toute son argumentation sur *l'incertain*, puisque la ♀ dont parle Boisduval n'existe vraisemblablement plus, et aboutit finalement à donner le nom de *Jacquemontii* à un *Parnassius* à franges entrecoupées de blanc et noir, et non blanches, ce qui est en opposition absolue avec la description de Boisduval.

Je préfère pour ma part réserver le nom de *Jacquemontii* au ♂ authentiquement type de la description de Boisduval et je laisse de côté la ♀ impossible à retrouver et à identifier avec certitude.

D'ailleurs Boisduval en disant qu'elle est semblable au ♂, commet une invraisemblance résultant probablement d'un examen trop superficiel et j'avoue ne pas comprendre clairement ce que peut être la poche abdominale « plissée en travers et sans carène longitudinale. »

J'ai fait figurer, sous le n° 11 de la planche II de ces *Études*, le ♂ type de la description de Boisduval qui, le premier, a décrit le *Parnassius Jacquemontii* dans le *Species général des Lépidoptères* (1836, I, p. 400). Je reproduis intégralement ci-dessous la description de Boisduval. En la rapportant à la figure du présent ouvrage, on reconnaîtra qu'elle concorde parfaitement et on sera nettement fixé sur le *P. Jacquemontii* ♂.

« Taille de *Phœbus*. Ailes fortement saupoudrées de noirâtre dans les deux sexes, transparentes à l'extrémité, avec la frange entièrement blanche; la partie transparente précédée, sur les quatre ailes, d'une rangée de lunules noires; les deux taches situées entre la cellule discoïdale des supérieures et cette série de lunules, marquées de rouge ainsi que celle du bord interne. Ailes inférieures ayant le bord abdominal très légèrement évidé, comme dans *Apollo*, et fortement noirâtre, une tache rouge à la base; les deux taches rouges ordinaires presque cordiformes, assez grandes, largement pupillées de blanc; celle du disque s'alignant avec trois taches noires, dont l'anale est marquée de rouge. Dessous comme dans les espèces voisines ; les taches rouges de la base des secondes ailes plus arrondies en dehors ; trois taches rouges s'alignant vers l'angle anal avec celle du disque. Antennes noires légèrement annelées de grisâtre.

♀ semblable au ♂. La poche de l'extrémité de l'abdomen assez développée, plissée en travers et sans carène longitudinale.

Découvert dans l'Himalaya par feu Jacquemont, voyageur du gouvernement. — Collection Boisduval. — Nous avons vu deux ♂ et deux ♀. »

Plus tard, un autre entomologiste français, M. Émile Blanchard décrivit de nouveau un *P. Jacquemontii*, dans la *Description des collections de feu V. Jacquemont* et publia à l'appui de cette description deux figures (pl. I, ♂, fig. 3 ; ♀, fig. 4) qui complètent la description notamment en ce qui concerne la frange. Les figures précitées la représentent entrecoupée de noir et blanc ; la description est muette en ce qui concerne ce détail important, comme aussi elle ne dit mot de la forme de la poche abdominale chez la ♀. La figure également ne laisse rien soupçonner à cet égard. Quant au coloriage des figures, il indique les taches rouges comme d'un carmin vif et non vermillon, qui est la nuance du *Jacquemontii* Boisduval.

Il résulte en somme de l'examen de la description et surtout des figures que le *Jacquemontii* de Blanchard est une autre espèce que le *Jacquemontii* de Boisduval.

Pour compléter les renseignements relatifs à la question dont il est cas, voici la reproduction intégrale de la description de Blanchard.

« Alis albis nigro irroratissimis apice pellucido, maculis nigris rubro-tessellatis ; antennis cinereis, nigro annulatis. »

Boisduval, *Species général des Lépidoptères*, tom. I, page 400, n° 5.

Envergure, 60 à 70 millimètres.

Ce Parnassien, dont les ailes blanchâtres sont plus fortement saupoudrées de noir que dans toutes les autres espèces du même genre, paraît intermédiaire entre les *P. Apollo* et *Phœbus*. A leur extrémité, les quatre ailes sont subdiaphanes, cette partie transparente étant précédée d'une série de lunules bordées de blanc extérieurement. Entre cette rangée de lunules et la cellule discoïdale, ces ailes antérieures offrent deux taches noires, ordinairement marquées de rouge, ainsi qu'une autre tache située au bord interne. Comme dans les *P. Phœbus* et *Apollo*, il existe encore une tache noire à l'extrémité de la cellule discoïdale, et une autre vers son milieu.

Les ailes postérieures ont leur gouttière abdominale très noire, et présentent deux taches ocellées rouges, bordées de noir et ordinairement blanches au centre : l'une située au bord externe, l'autre vers le milieu. On remarque en outre à l'angle anal une tache noire allongée, souvent marquée de rouge. Les quatre ailes sont en dessous à peu près semblables au dessus; seulement les postérieures offrent à leur bord, comme dans la plupart des Parnassiens, trois ou quatre taches rouges, dont on retrouve à peine la trace en dessus; ensuite, vers l'angle anal, il existe deux taches rouges très distinctes dont l'une arrondie et l'autre presque triangulaire. Les antennes sont grisâtres, fortement annelées de noir.

V. Jacquemont a découvert cette espèce à l'Himalaya. Il en a rapporté quatre individus, dont un se fait remarquer par l'absence totale de taches rouges aux ailes antérieures; c'est une variété ♂.

Le *Parnassius Jacquemontii* pourrait être considéré comme une simple variété locale de *P. Phœbus*; cependant ses ailes, plus saupoudrées de noir, avec la gouttière anale plus large et entièrement noirâtre, et en outre un aspect général assez différent, nous font penser qu'en réalité il constitue une espèce distincte. »

Un troisième auteur, anglais cette fois, Gray, s'occupa d'un *Parnassius Jacquemontii*, dans l'ouvrage intitulé : *Catalogue of Lepidopterous insects in the collection of the british museum. Part. I, Papilionidæ* (1852). A la page 75, il cite sans description, l'article suivant : « 348. *Parnassius Jacquemontii*, Boisd., *Sp. gen. Lep.*, 1, p. 400, 5. — Blanch., *Voy. de Jacq.*, Ins., t. I, fig. 3, 4. — E. Doubl., *Gen. of Lep.*, p. 27, 9; —— Pl. XII, fig. 1, 2. — In collection *(Brit. Mus.)* from the Himalaya Mountains, and also from Chinese Tartary at an elevation of 15,000 feet. »

Les *P. Jacquemontii* que Gray cite comme venant de *Chinese Tartary* avaient été récoltés par le major Charlton et sont très différents du *P. Jacquemontii* ♂ initialement décrit par Boisduval. Ils se rapprochent davantage de ceux figurés par Blanchard, mais ils paraissent notamment par leur taille appartenir à une autre race.

C'est ce *Jacquemontii*, Gray, que j'ai distingué du *Jacquemontii*, Boisduval sous le nom d'*Epaphus* dans les *Études d'Entomologie*, (IV, novembre 1879, p. 23) et dans le même ouvrage, je publiai (pl. II, fig. 5) la figure du type *Jacquemontii* ♂, Boisduval, afin de permettre une comparaison entre les *Jacquemontii* de Gray, bien figurés par cet auteur et le *Jacquemontii* initial de Boisduval.

A ce sujet je rectifierai une erreur de M. Elwes qui prétend que j'ai seulement vu la planche de Gray et que je n'ai pas connu la ♀ d'*Epaphus*. Je possède un ♂ et une ♀ d'*Epaphus* (*Jacquemontii*, Gray) co-types de cet auteur et autenthiquement rapportés par le major Charlton de Tartarie chinoise. Ce sont ces deux *Parnassius* qui sont figurés sous les nᵒˢ 4 et 5 de la planche I de ces *Études*. La ♀ a la poche un peu aplatie, mais cependant très visible et reconnaissable.

Avant de publier son travail monographique sur les *Parnassius*, M. Elwes avait en 1882 disserté sur le *P. Epaphus* dans les *Proccedings of the zool. soc. of London*. Le travail de M. Elwes a pour titre « *On a collection of Butterflies of Sikkim.* »

Afin de réunir tous les documents relatifs à la question qui nous occupe, je reproduis encore textuellement ce que M. Elwes écrivit à ce sujet :

« *Parnassius Epaphus*, Obthr. (*Et. Ent. liv.* IV, p. 23, 1879) — *P. Jacquemontii*, Gray (*Cat. Lep. Brit. Mus.*, p. 76, t. XII, fig. 1, 2).

This species has lately been distingued by M. Oberthür from *P. Jacquemontii*; but it is extremely difficult to say wheter it is really distinct or not.

I have seen four specimens in the British Museum and three in the Hewitson collection, all that exist in England to my knowledge. These agree very well with each other and with Gray's figures. They are probably from the same part of Ladak, at an elevation of 16,000 feet, and perhaps were all taken by the same person, Major Charlton.

They differ from *P. Jacquemontii* of Boisduval in being smaller and in the shape of the fore wings, which are narrower and more pointed. As a rule there are no red spots at the anal angle of the hind wing, though this is not a character of much importance. The antennae are distinctly ringed and the fringes distinctly spotted. »

En outre, dans le même travail, M. Elwes décrit et figure (pl. XXV, 4, 5) une variété de *P. Epaphus* qu'il désigne sous le nom de *Sikkimensis*.

A cette époque, M. Elwes ne paraissait pas avoir la même opinion qu'en 1886 sur l'application du nom de *P. Jacquemontii*. Il semblait approuver la distinction que j'avais faite entre *Jacquemontii* et *Epaphus* et en tous cas, il admettait ce nom *Epaphus* pour désigner le *Jacquemontii* de Gray.

Plus tard, les investigations des entomologistes anglais au nord de l'Inde, grâce à de nombreux « native collectors, » amenèrent la capture de très nombreux exemplaires de *Parnassius* se rapportant les uns à *Jacquemontii* Boisduval, les autres à *Epaphus*. Cependant je n'ai pas encore appris qu'on ait retrouvé exactement les formes que Jacquemont et le major Charlton avaient recueillies.

Sous les n°ˢ 6 et 7 de la pl. I de ces *Études*, sont figurés deux *Epaphus* ♂ et ♀, récemment pris au nord-ouest de l'Himalaya et que m'a cédés M. Doncaster, naturaliste à Londres. Ils diffèrent d'*Epaphus* type par l'absence de la tache rouge basilaire en dessus, la réduction des taches rouges aux ailes inférieures et leur teinte tendant vers le rouge orangé et même le jaune, au lieu du carmin vif. J'ai désigné cette race sous le nom de *Cachemiriensis*.

A Lahoul, on a aussi récolté des quantités d'une forme de *Jacquemontii* généralement plus petite et moins colorée que le type de Boisduval. Je crois que c'est bien la forme *Himalayensis*, Elwes. J'ai fait figurer le ♂ sous le n° 12 et la ♀ sous le n° 13 de la planche II de ces *Études*. La ♀ figurée m'a été donnée par M. Elwes. Le ♂ vient de M. Doncaster.

Pour résumer toute cette discussion que j'ai cru devoir accompagner de toutes les pièces à l'appui, j'établis comme suit, la nomenclature synonymique des *Parnassius Jacquemontii* et *Epaphus* :

1. {
Parnassius Jacquemontii, Boisduval (*Species général*, 1836, p. 400, ♂) — Obthr. (*Étud. d'Entom.*, IV, 1879, p. 23, pl. II, fig. 5) — Obthr. (*Étud. d'Entom.*, XIV, pl. II, fig. 11).

Parnassius Jacquemontii, var. *Himalayensis*, Elwes (*Proceed. zool. soc.*, 1886, p. 30) — Obthr. (*Étud. d'Entom.*, XIV, pl. II; ♂, fig. 12; ♀, fig. 13).
}

2. {
Parnassius Epaphus, Obthr. (*Étud. d'Entom.*, IV, 1879, p. 23) — *Étud. d'Entom.*, XIV, pl. I, ♂, fig. 4; ♀, fig. 5).

Parnassius Jacquemontii, Gray (*Lepid. Ins. in the brit. mus.*, pl. XII, fig. 1, 2).

Parnassius Jacquemontii, Blanch. (*Voyag. Jacquemont*, Pl. I, fig. 3, 4).

Parnassius Epaphus, var. *Cachemiriensis*, Obthr. (*Étud. d'Entom.*, XIV, pl. I, ♂, fig. 6; ♀, fig. 7).
}

Parnassius Simo, Gray (pl. I, fig. 8, 9).

Je possède deux des exemplaires rapportés par le major Charlton de Tartarie chinoise. Ils sont aplatis comme les *Epaphus* de même provenance, sans doute parce qu'ils auront été trop pressés entre des papiers. Dans ces conditions, il est difficile de reconnaître le sexe de ces papillons.

Comme complément de renseignement à la figure donnée par Gray, j'ai fait représenter ces deux Lépidoptères, bientôt vieux d'un demi-siècle.

Je ne crois pas que l'espèce ait été retrouvée jusqu'ici. Le *P. Simonius*, de récente découverte, est une forme se rattachant sans doute à *Simo*, mais distincte, notamment par les bandes noirâtres submarginales des ailes inférieures, plus accentuées dans *Simonius*, les taches basilaires rougeâtres au contraire plus développées chez *Simo*, la tache costale extra-cellulaire plus noire dans *Simo*. Les antennes de *Simo* sont noires et la frange aux ailes supérieures est noirâtre et aux inférieures blanc jaunâtre.

En 1879, j'ai publié dans la IVe livraison des *Études d'Entomologie* le catalogue de ma collection de *Papilionidæ* comprenant le genre *Parnassius*. Ma collection contenait alors 21 espèces représentées par 84 exemplaires. Depuis cette époque, le développement de ma collection en général a fait de notables progrès. Aujourd'hui elle renferme plus de 550 exemplaires du genre *Parnassius* répartis comme suit :

Parnassius Apollo, Lin.

Pyrénées — Auvergne — Isère — Suisse — Basses-Alpes — Illyrie — Suède — Styrie — Lozère — Grèce, 157 exempl., 3 larv., 1 chrys.

Var. *Nevadensis*, Obthr., Sierra-Nevada (*ex* Graslin), 2 ♂; Pyrénées-Orientales !, 2 ♂.

Var. *Siciliæ*, Obthr., Sicile (*ex* Bellier), 1 ♂, 1 ♀.

1. Var. *Hesebolus*, Nordman, Russie (*) (*ex* Bdv.), 2 ♂, 1 ♀ ; Caucase (*) (*ex* Bellier), 1 ♂; Alatau, Kouldja (*ex* Stgr.), 2 ♂, 1 ♀.

Var. *Graslini*, Obthr., ?Turquie (*ex* Graslin), 1 ♂, 1 ♀ ; ?Altaï — ?Russie (Caucase)(*ex* Bellier), 1 ♂, 1 ♀.

Var. *Uralensis*, Obthr., Oural (Eversmann, *ex* Graslin), 1 ♀ ; Russie (Caucase) (*ex* Bellier), 1 ♀.

Ab. *Wiskotti*, Obthr. (*ex* Bellier), 1 ♀.

Parnassius Delius, Esp.

Suisse — Tyrol — Oural, 35 exempl.

2. Var. *Intermedius*, Ménétr., Altaï — Tarbagatai — Sibérie, 6 ♂, 1 ♀.

Ab. *Cardinalis*, Obthr. (*ex* Bellier), 2 ♀.

Ab. *Herrichii*, Obthr. (*ex* Bellier), 1 ♂, 1 ♀.

Parnassius Smintheus, Dbd.

Amérique du Nord, 4 ♂, 2 ♀.

3. Var. *Hermodur*, H.-Edw., Fort Calgary (Nord-Ouest Colombie anglaise), 1 ♂, 2 ♀.

Ab. *Behrii*, Edw., Californie, 1 ♂.

Parnassius Nomion, Fisch. d. W.

Chine (A. David) — Russie (Eversmann) — Kiachta, 4 ♂, 9 ♀.

4. Var. minor., ?Amér. russe (*ex* Boisd.), 1 ♂, 1 ♀.

Forma *Mandschuriæ*, Obthr., Sidemi (Jankowski), 6 ♂, 4 ♀ ; Californie Russe (*ex* Boisd.), 1 ♀.

5. *Parnassius Honrathi*, Stgr.

Samarcand, 7 ♂, 4 ♀ ; Darwas (*ex* Groum-Gr.), 1 ♂.

6. *Parnassius Davidis*, Obthr.

Chine boréale, 1 ♀.

(*) Ce sont les indications écrites par Boisduval et Bellier; mais je ne puis en affirmer l'exactitude. La forme *Hesobolus* ♂ de leurs collections est infiniment plus caractérisée que celle d'Alatau et Kouldja.

7. *Parnassius Romanovi*, GROUM-GR.

Transalaï (*ex* Groum-Gr.), 7 ♂, 4 ♀.

8. *Parnassius Discobolus*, ALPHÉRAKI (*Corybas*, olim.).

Afganistan (*ex* Groum-Gr.), 2 ♂; Dschirgetal — Kitschi-Karamuk (*ex* Groum-Gr.), 2 ♂; Turkestan-Kouldja, 8 ♂, 5 ♀.

9. *Parnassius Rhodius*, HONRATH.

Buchara, 1 ♂, 2 ♀; Transalaï — Monts Gissar-Dschirgetal (*ex* Groum-Gr.), 2 ♂, 3 ♀; Osch (*ex* Stgr.), 2 ♂, 1 ♀.

10. *Parnassius actius*, EVERSM.

Alatau, Namangan (*ex* Stgr.), 4 ♂; Kata-Karamuk (*ex* Groum-Gr.), 1 ♂.
Var. *Muzaffar*, GROUM-GR., Pamir, 1884 (*ex* Groum-Gr.), 1 ♂.

11. *Parnassius Epaphus*, OBTHR. (*Jacquemontii*, GRAY).

Tartarie chinoise (*ex* Charlton), 1 ♂ (in. mus. Ward); 1 ♀ (in mus. Boisd.).
Var. *Cachemiriensis*, OBTHR., Nord-Cachemire (*ex* Doncaster), 2 ♂, 2 ♀.

12. *Parnassius Jacquemontii*, BOISD.

Himalaya (Jacquemont, in mus. Boisd.), 1 ♂.
Var. *Himalayensis*, ELWES, Lahoul (*ex* Elwes et Doncaster), 6 ♂, 4 ♀.

13. *Parnassius Appollonius*, EVERSM.

Kouldja — Margelan — Samarkand (*ex* Stgr.), 5 ♂, 5 ♀; Transalaï (*ex* Groum-Gr.), 2 ♂.
Var. *Alpina*, STGR., Transalaï, 1 ♂.

14. *Parnassius Imperator*, OBTHR.

Tâ-Tsien-Loù (Thibet) (*ex* Mgr Biet), 2 ♂ et 39 ♀ ; (*ex* prince Henri d'Orléans), 1 ♂.

15. *Parnassius Charltonius*, GRAY.

Himalaya (*ex* Elwes), 1 ♂.
Var. *Princeps*, HONRATH, Transalaï (*ex* Groum-Gr.), 6 ♂, 5 ♀.

16. *Parnassius Delphius*, EVERSM.

Sibérie occid. (*ex* Stgr.), 1 ♂, 1 ♀ ; Namangan, 2 ♂, 1 ♀.
Var. *Infernalis*, STGR., Transalaï (*ex* Groum-Gr.), 4 ♂, 4 ♀ ; Osch (*ex* Stgr.), 1 ♂, 1 ♀.
Var. *Cardinal*, GROUM-GR., Samarkand, 1 ♂, 1 ♀.
Var. *Staudingeri*, BANG-HAAS, Monts Gissar (*ex* Groum-Gr.), 2 ♂, 2 ♀ ; Samarkand, 3 ♂, 3 ♀.

17. *Parnassius Simonius*, STGR.

Turan, 1 ♂, 1 ♀.

18. *Parnassius Simo*, GRAY.

Tartarie chinoise (*ex* Maj. Charlton), 1 (in mus. Boisd.); 1 (in mus. Ward).

19. *Parnassius Tenedius*, EVERSM.

Altaï, 1 ♂, 1 ♀; Jakoust, 1 ♀.

20. *Parnassius Orleans*, OBTHR.
      Thibet (*ex* prince Henri d'Orléans), 1 ♀.

21. *Parnassius Hardwickei*, GRAY.
      Himalaya (Sikkim et Cachemire), 12 ♂, 8 ♀.

22. *Parnassius Clodius*, MÉNÉTR.
      Californie, 6 ♂, 4 ♀.
      Var. *Baldur*, EDW., Nevada, 2 ♂, 1 ♀.
      Ab. *Lorquini*, OBTHR., Californie, 1 ♂.

23. *Parnassius Clarius*, EVERSM.
      Altaï, 5 ♂, 1 ♀.

23. *Parnassius Felderi*, BREMER.
      Amour, 2 ♂, 1 ♀.

24. *Parnassius Eversmanni*, MÉNÉTR.
      Jakoust, 1 ♂, 1 ♀ ; Nicolajewsk, 2 ♂.

25. *Parnassius Bremeri*.
      Amour, 2 ♂.
      Var. *Graeseri*, HONRATH, Pokrofta (*ex* Græser), 2 ♂, 2 ♀.

26. *Parnassius Nordmanni*, NORDM.
      Caucase, 2 ♂.

27. *Parnassius Mnemosyne*, LINN.
      Russie.— Grèce — Turkestan — Syrie — Liban — Sicile — Basses-Alpes — Pyrénées,
      70 exemplaires.

28. *Parnassius Stubbendorfi*, MÉNÉTR.
      Sidemi (Jankowski), 8 ♂ ; Amour — Altaï, 6 ♂, 1 ♀.
      Parnassius Glacialis, BUTLER.
      Corée (*ex* Otto Herz), 1 ♂, 1 ♀ ; Hakodaté (*ex* Leech), 2 ♂ ; Jesso, 3 ♂.

EXPLICATION DES PLANCHES

Planche I, figure 1   PARNASSIUS IMPERATOR, ♂, Obthr.

—   — 2   PARNASSIUS ORLEANS, Obthr.

—   — 3   PARNASSIUS DAVIDIS, ♀, Obthr.

—   — 3 *a*   Poche du PARNASSIUS DAVIDIS.

—   — 4   PARNASSIUS EPAPHUS, ♂, Obthr.

—   — 5   PARNASSIUS EPAPHUS, ♀, Obthr.,

—   — 6   PARNASSIUS EPAPHUS-CACHEMIRIENSIS, ♂, Obthr.

—   — 7   PARNASSIUS EPAPHUS-CACHEMIRIENSIS, ♀, Obthr.

—   — 7 *a*   Poche du PARNASSIUS EPAPHUS-CACHEMIRIENSIS.

—   — 8 et 9   PARNASSIUS SIMO, Gray.

Planche II, figure 10   PARNASSIUS NOMION-MANDSCHURIÆ, ♂, Obthr.

—   — 11   PARNASSIUS JACQUEMONTII, ♂, Boisduval.

—   — 12   PARNASSIUS JACQUEMONTII-HIMALAYENSIS, ♂, Elwes.

—   — 13   PARNASSIUS JACQUEMONTII-HIMALAYENSIS, ♀, Elwes.

—   — 14   PARNASSIUS APOLLO-WISKOTTI, ♀, Obthr.

—   — 15   PARNASSIUS DELIUS-HERRICHII, ♀, Obthr.

—   — 16   PARNASSIUS DELIUS-CARDINALIS, ♀, Obthr.

—   — 17   PARNASSIUS CLODIUS-LORQUINI, ♂, Obthr.

Planche III, figure 18   PARNASSIUS APOLLO-URALENSIS, ♀, Obthr.

—   — 19-20-21 PARNASSIUS APOLLO, L. Deformatio : alis latere dextro falcatis.

—   — 22   PARNASSIUS APOLLO-SICILIÆ, ♀, Obthr.

—   — 23   PARNASSIUS APOLLO-GRASLINI, ♀, Obthr.

17 novembre